Notes et Croquis

de

Géométrie descriptive.

Sans ces feuilles nous n'aurions rien à attendre de jeunes gens, qui ne reçoivent que 2 leçons par semaine pendant 3 ou 4 mois, qui ont peu de tems à consacrer à leurs études, qui sont livrés à leurs propres forces dès leur sortie de la salle du cours, qui sont en général peu habitués aux spéculations de l'esprit, enfin, qui ne peuvent ni ne savent prendre des notes.

De douze feuilles seulement que nous croyions nécessaire de faire, nous nous sommes étendu jusqu'à 28, pour y mettre les données géométriques qu'les élèves auront besoin d'y trouver plus tard, dans l'application de la géométrie descriptive, aux levers, à la coupe des pierres, à la charpenterie, aux effets de la lumière sur les corps, etc.

Nos dessins ne sont point des modèles à copier; nous n'y avons pas songé, car selon nous, copier est un très mauvais moyen d'enseignement; nos dessins, que nous appelons à juste titre croquis, sont trop incorrects et presque toujours trop petits pour être autre chose que de simples guides destinés à faciliter les exercices graphiques. Ils ont cependant un autre avantage, celui de mettre sous les yeux des élèves un grand nombre de résultats géométriques qu'ils n'auraient pas le tems de produire, et de leur inculquer avec ce secours beaucoup d'idées exactes sur la formation et la représentation des surfaces et des corps, et sur leurs propriétés. Dans l'étude de la géométrie descriptive, on ne saurait trop dessiner ni trop lire, lire surtout si l'on n'a pas le tems de dessiner. Aussi avons nous multiplié les exercices de projections, jusqu'au point de remplacer le texte qu'on lit peu, faute de tems ou parceque les textes sont difficiles à lire, par des dessins accompagnés de quelques courtes explications écrites à côtés des dessins eux-mêmes.

Si les leçons sont nécessaires pour expliquer les dessins, ou plutôt pour en compléter l'intelligence; de leur côté, les dessins aident aux leçons à produire le résultat utile auquel elles tendent. Obtenir le plus grand résultat possible, tel est le but que nous nous sommes proposé.

Nous pourrions nous dispenser de dire que ces croquis et ces notes sont remplis de fautes et d'incorrections, dans le texte, dans le dessin et dans l'impression. Nos lecteurs à qui le hasard les présentera, ne s'en apercevront que trop promptement. Nous réclamons leur indulgence pour des feuilles rédigées, dessinées et imprimées rapidement dans les intervalles des leçons, uniquement faites au reste dans l'intention d'être utiles aux élèves.

Metz, le 30 Juin 1834.

B..... Professeur.

Lith. de Noussian et Étienne. Metz.

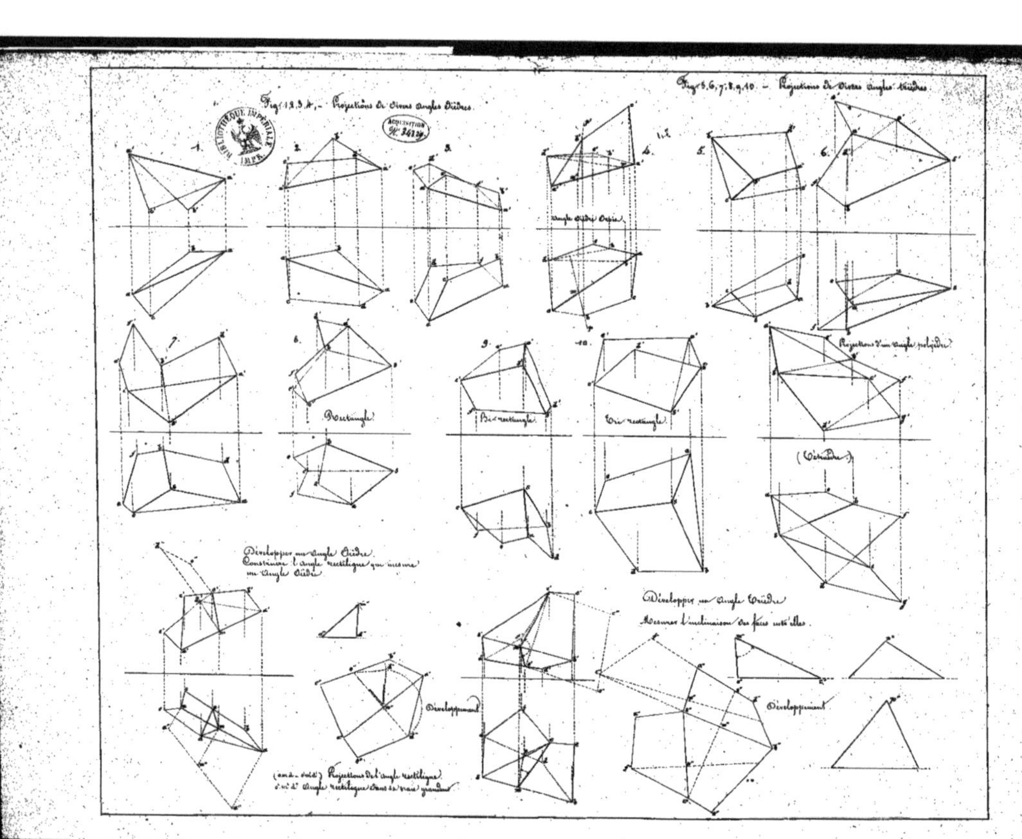

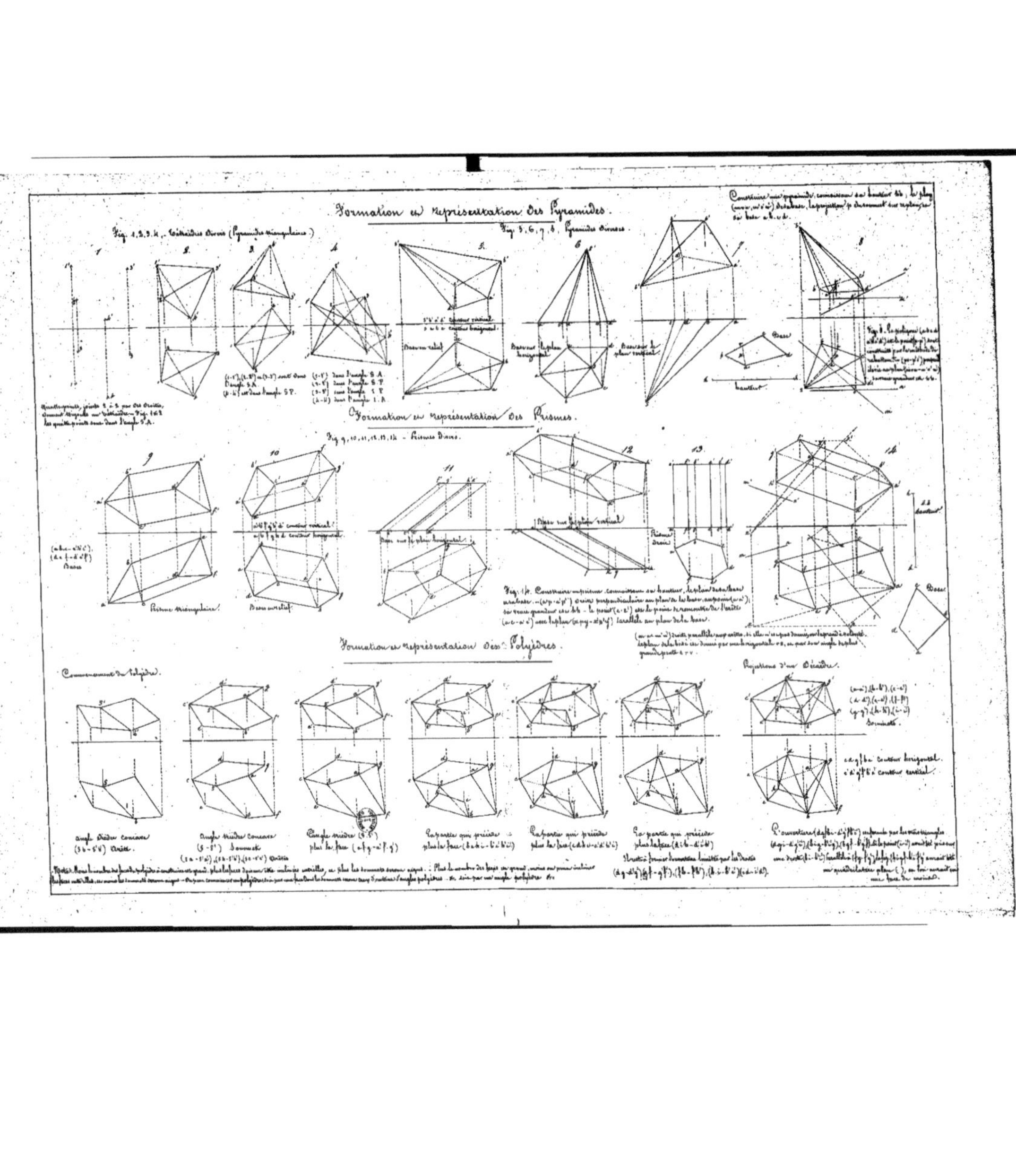

Formation et Représentation des Pyramides.
Formation et Représentation des Prismes.
Formation et Représentation des Polyèdres.

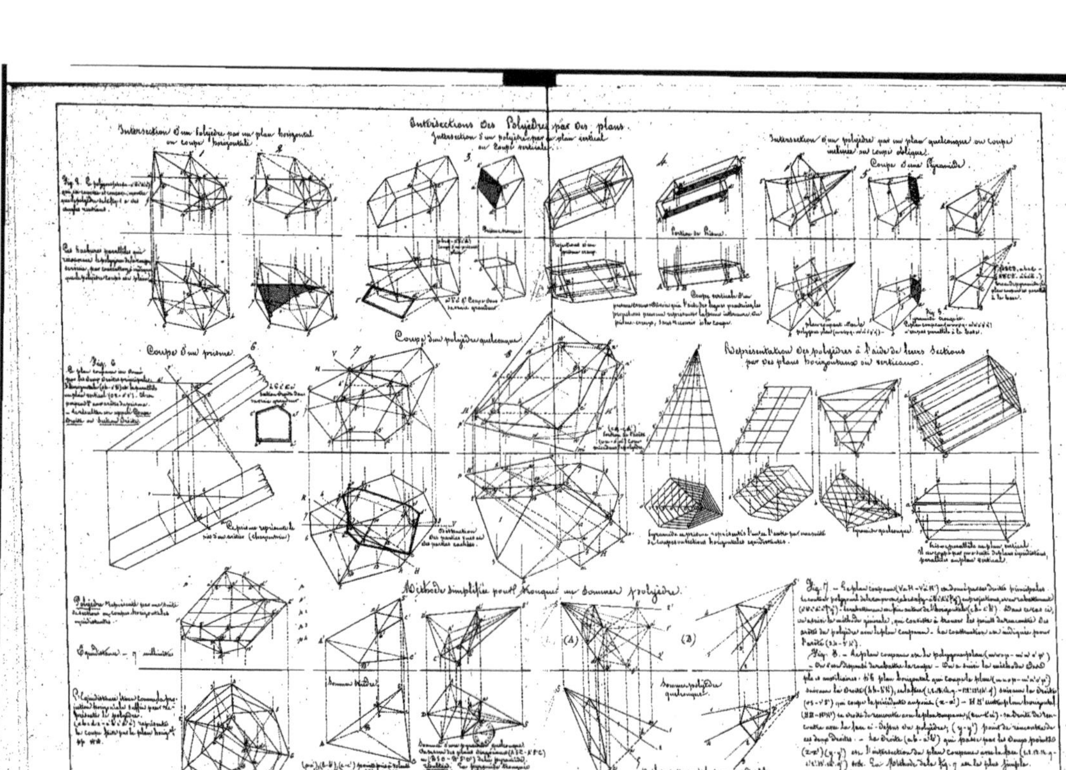

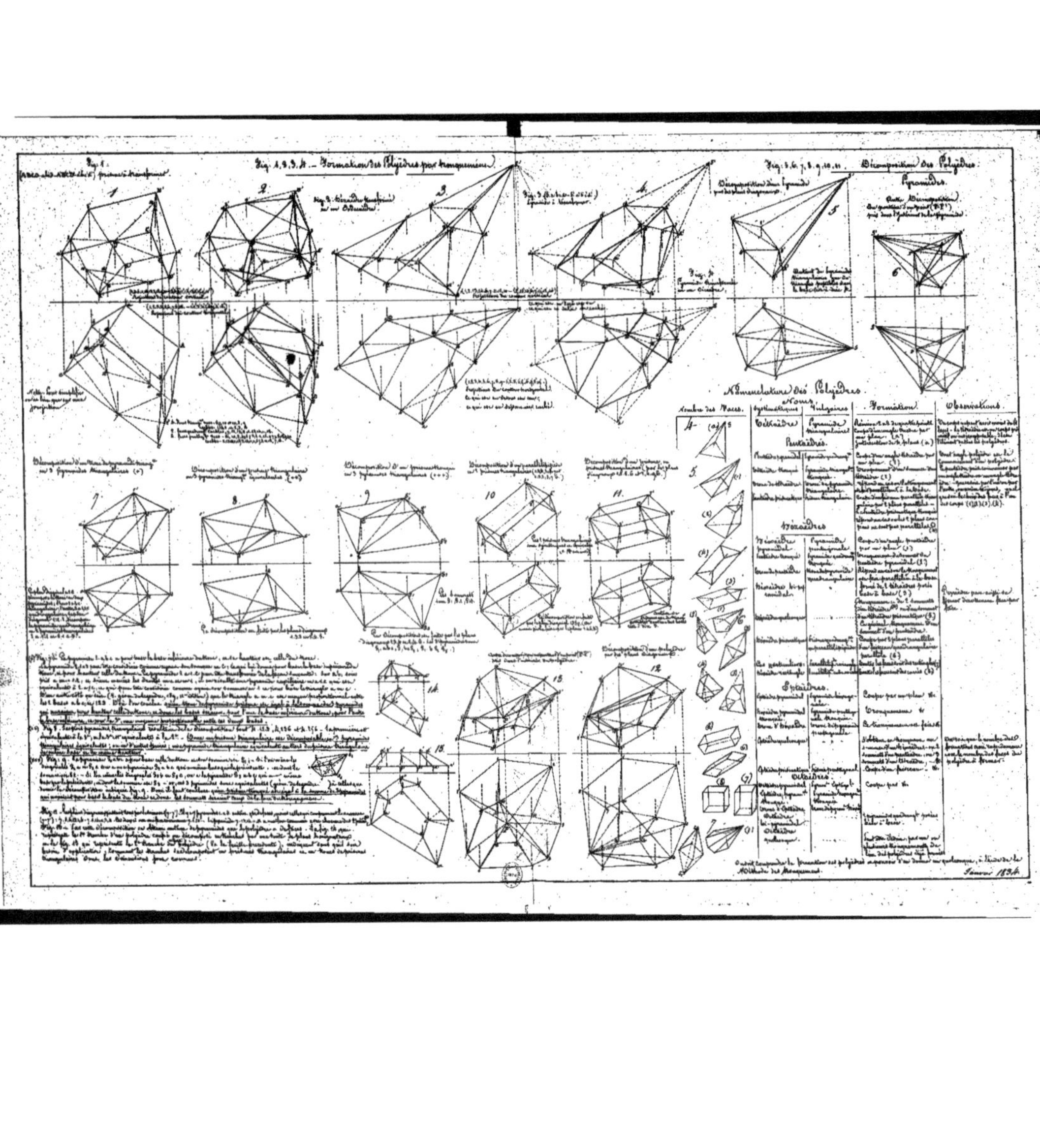

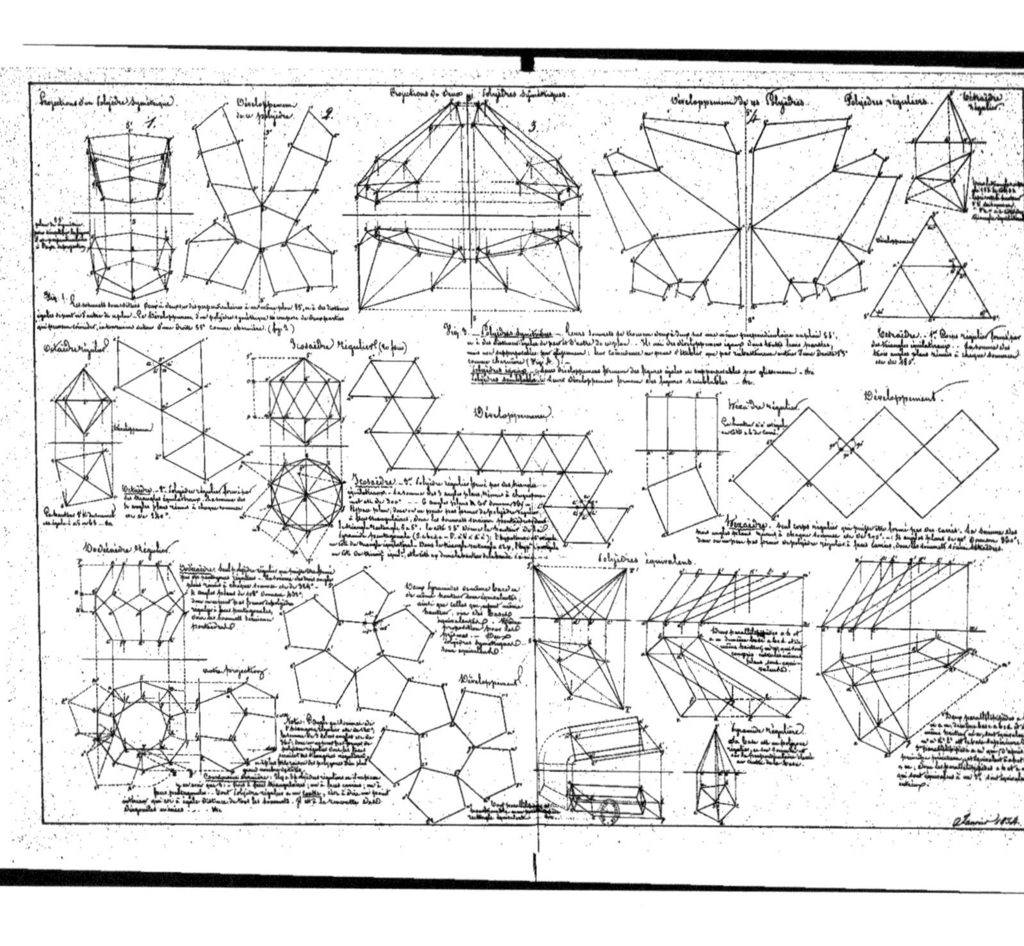

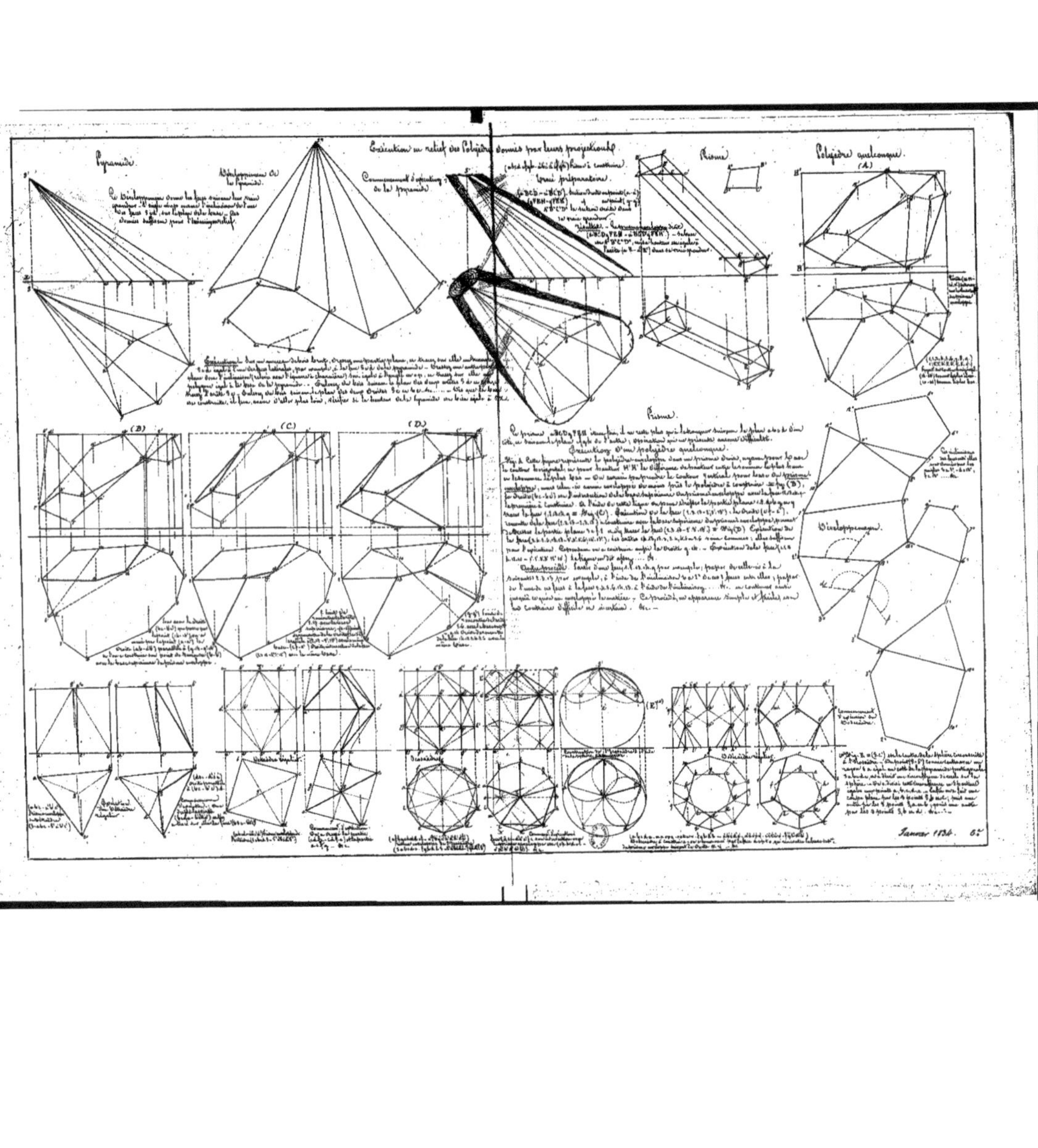

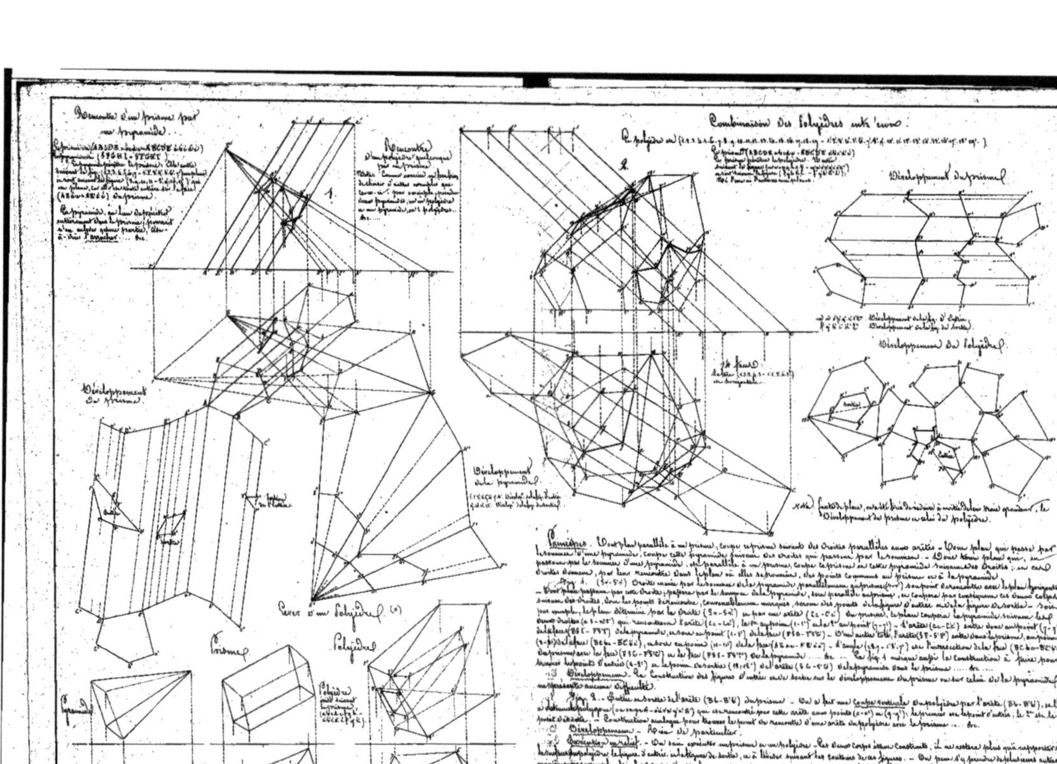

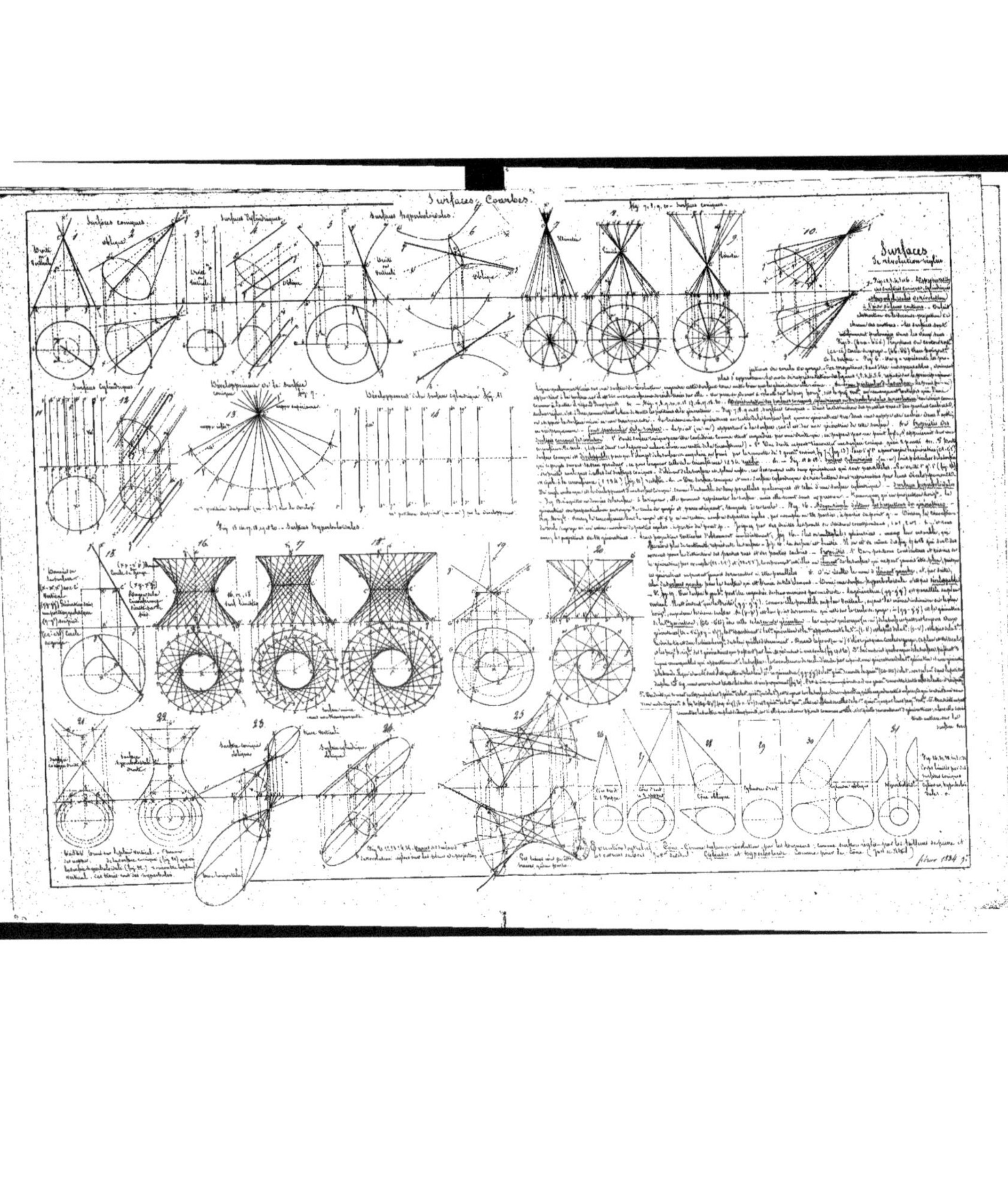

Surfaces Courbes.

Surfaces de révolution réglées

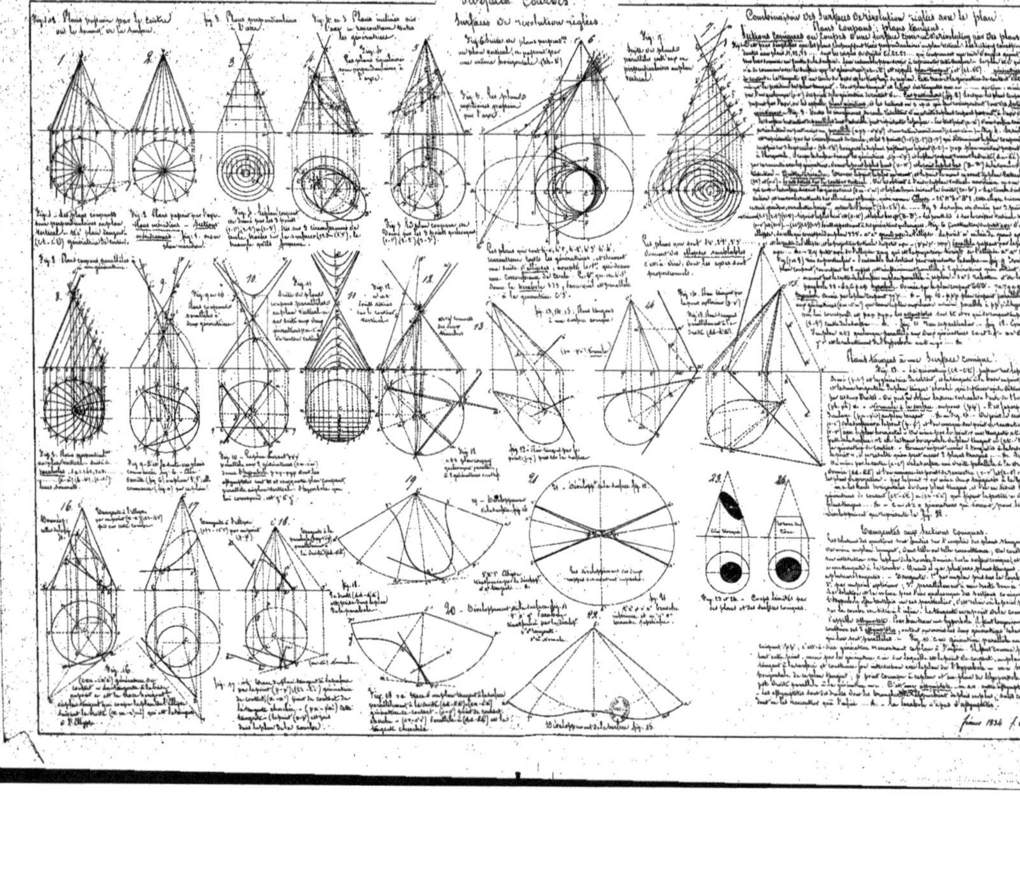

février 1834. pl. 10.

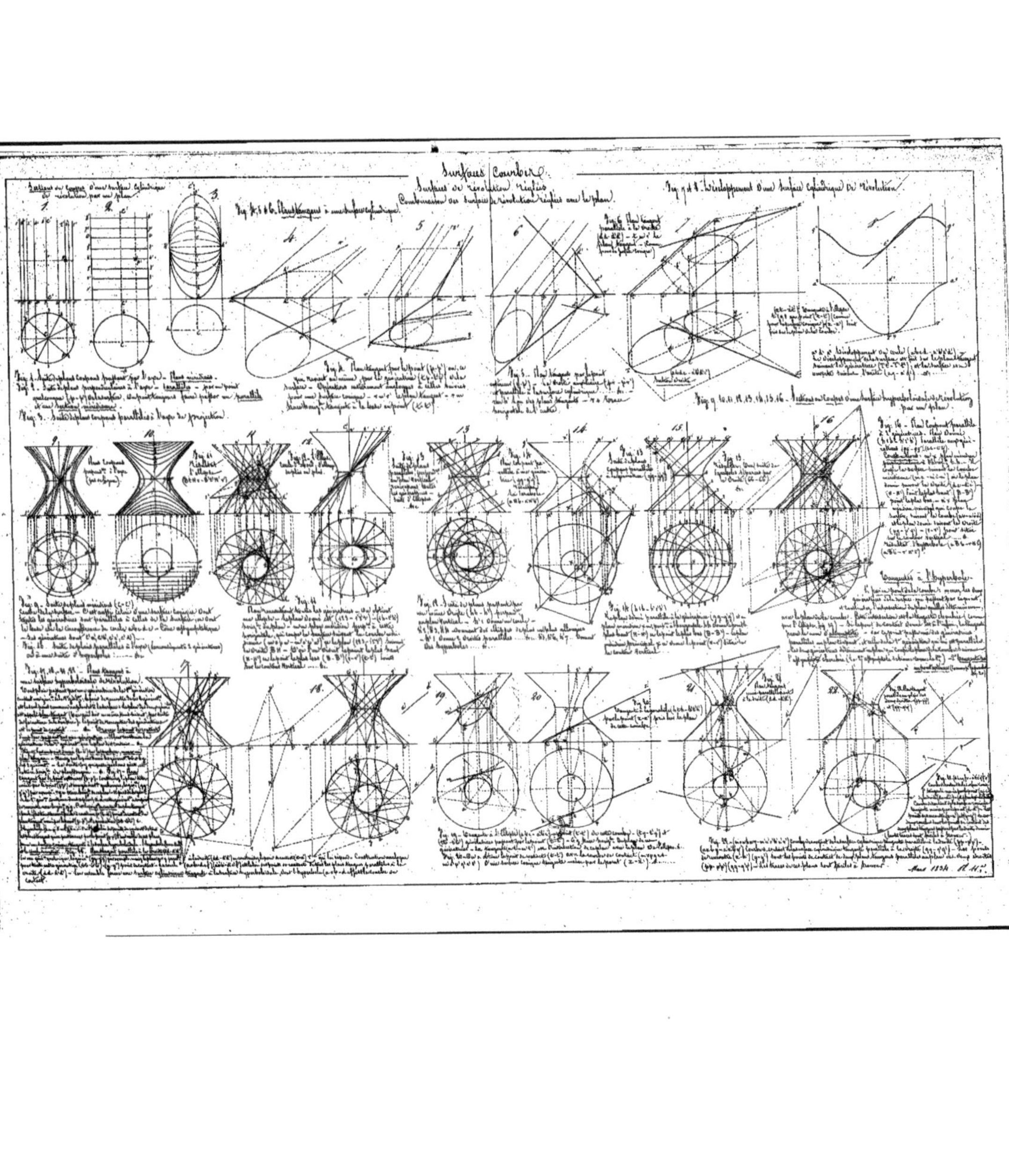

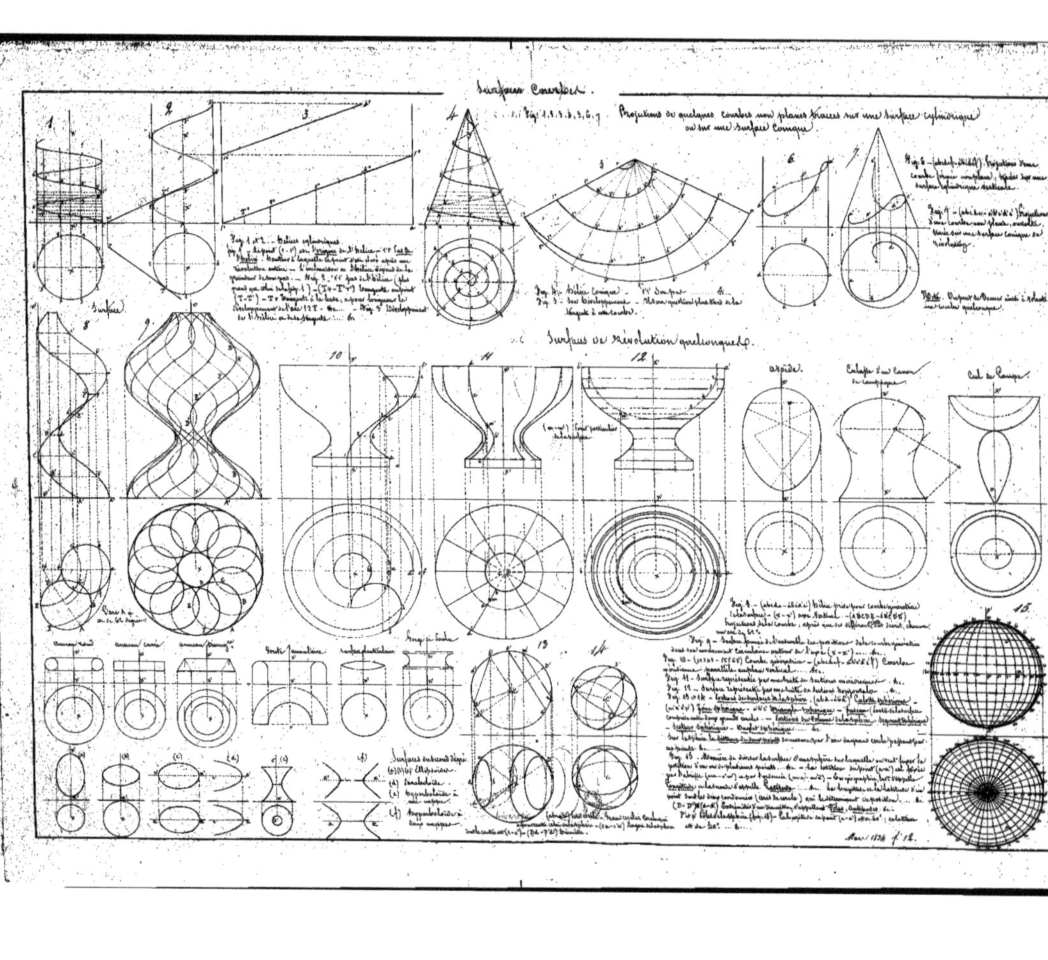

Surfaces Courbes
Surfaces de Révolution
Surfaces de révolution réglées ou engendrées par une droite.
Surfaces à axe vertical.
Surfaces à axe non vertical.
Surface Conique.
Surface Cylindrique.
Surface Hyperboloïdale.
Janvier 1854

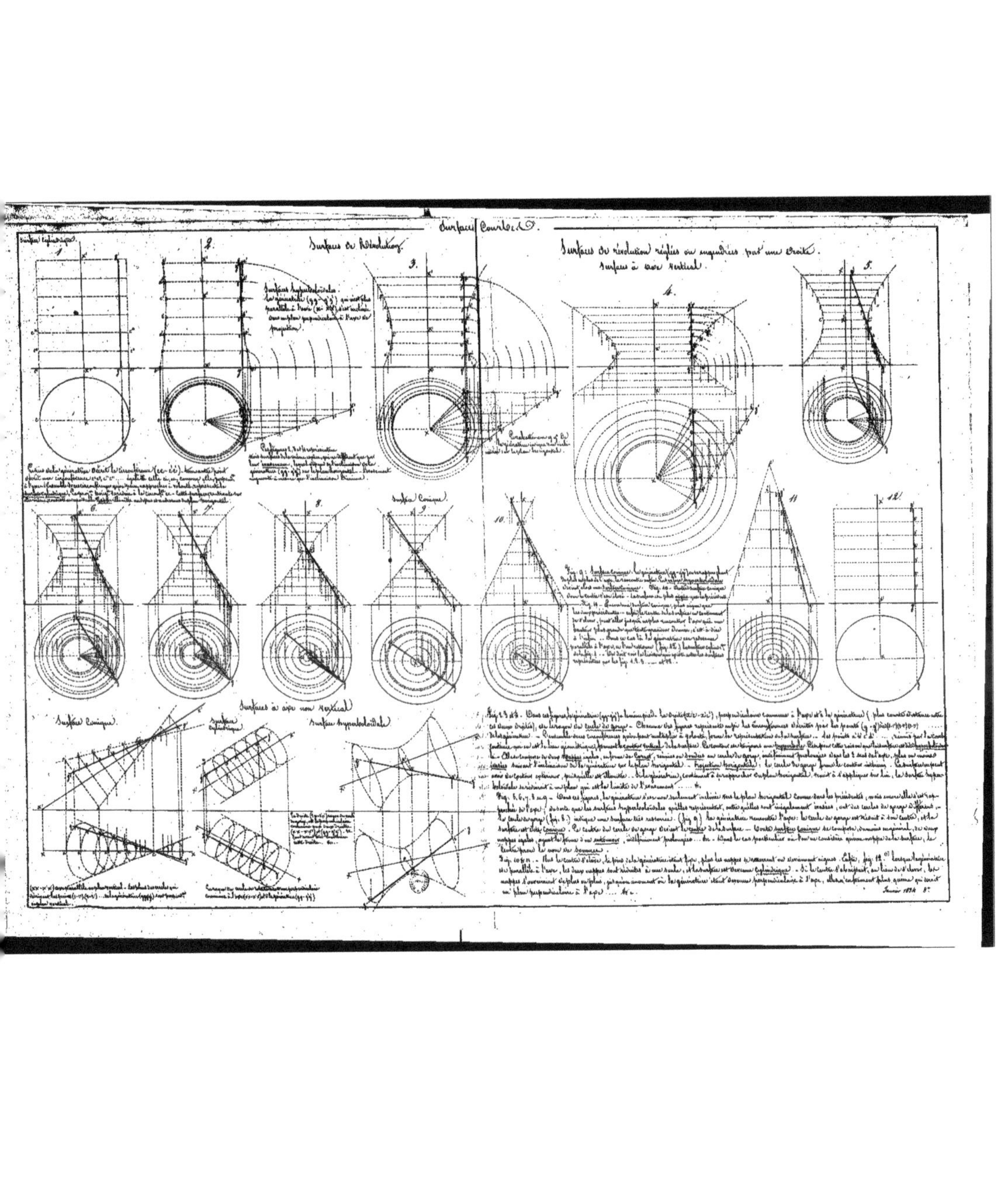

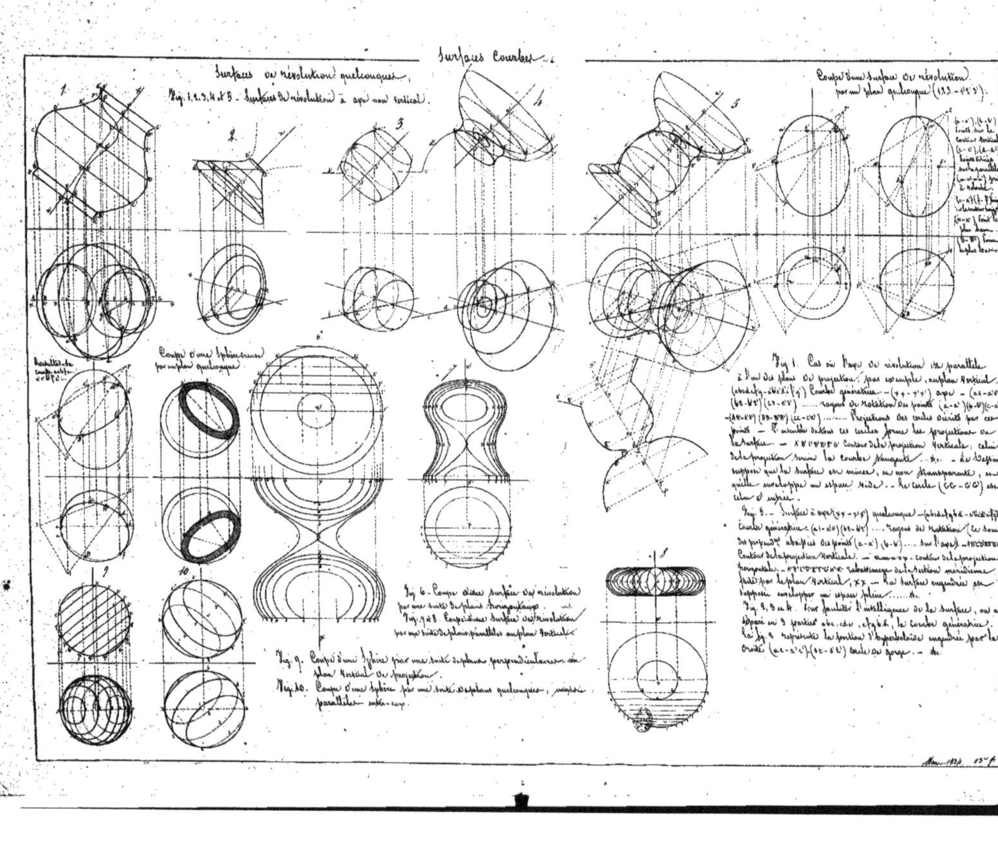

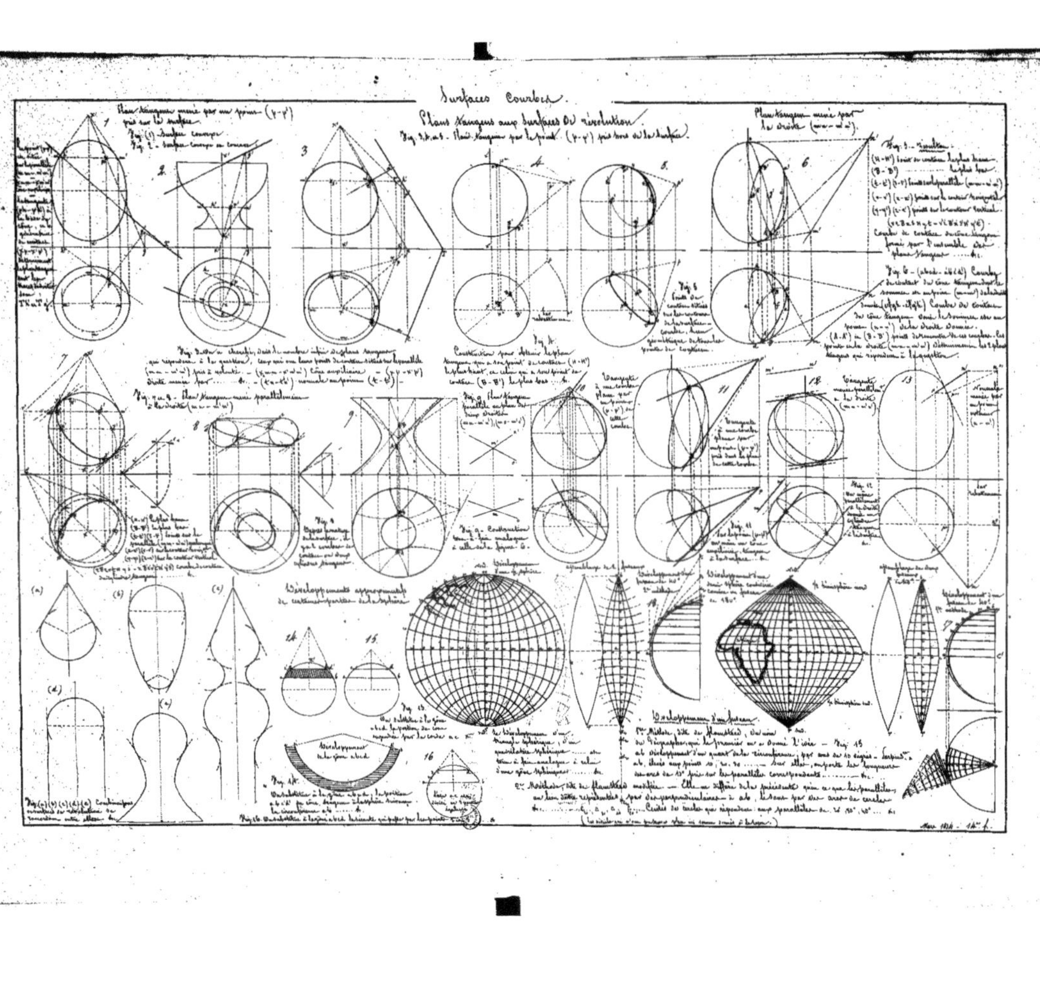

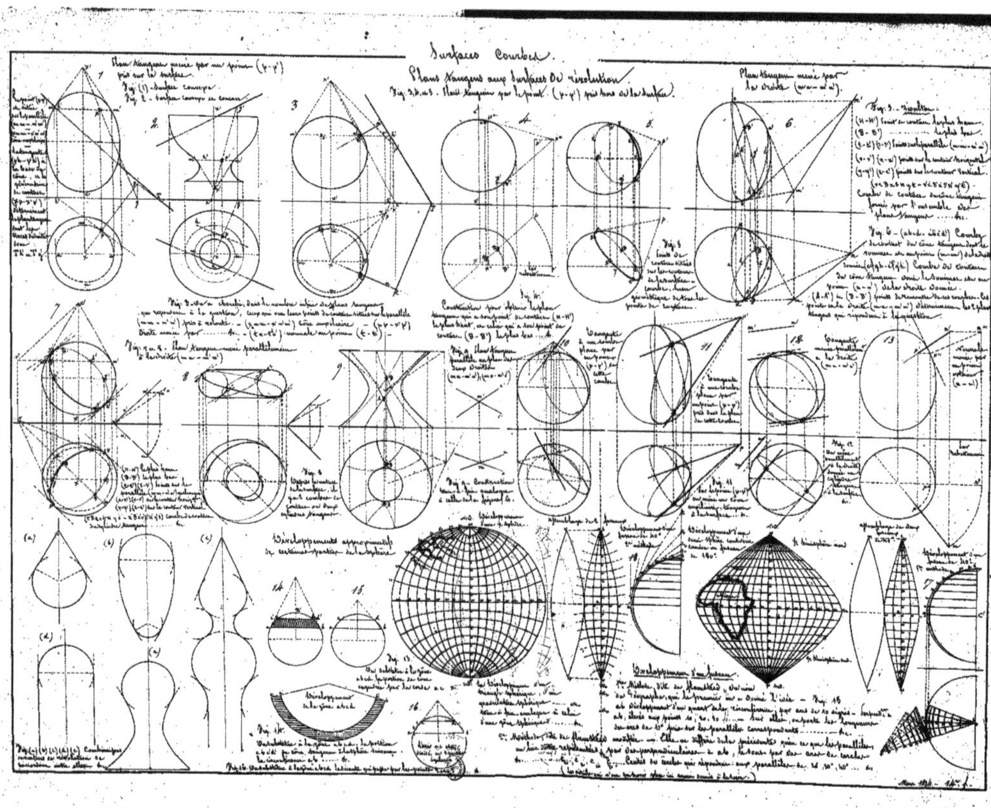

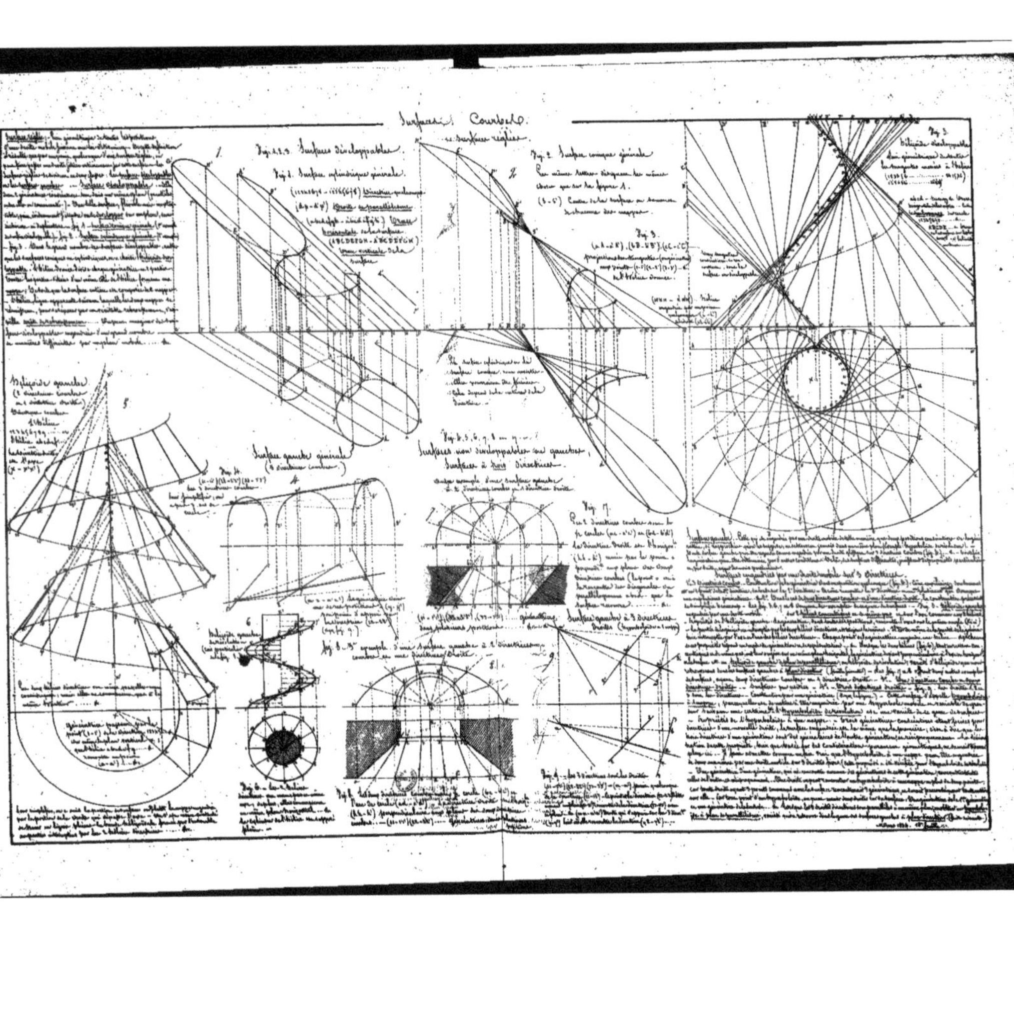

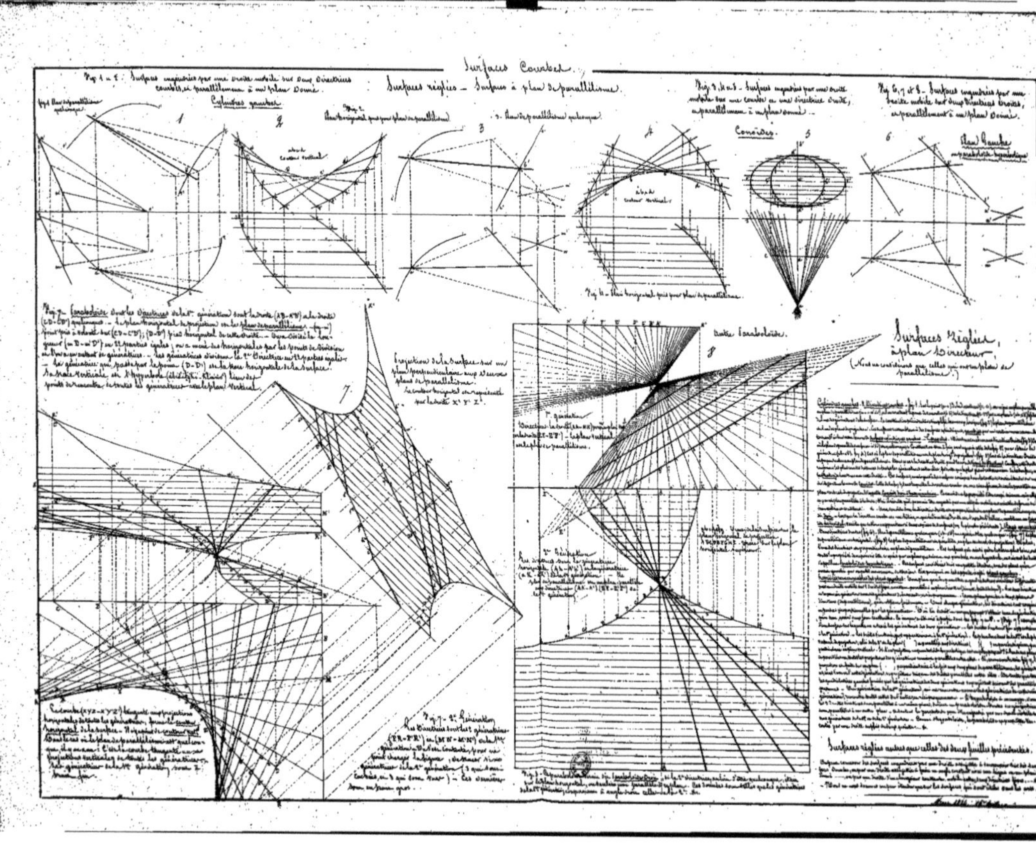

Surfaces Courbes.
Surfaces réglées - Surfaces à plan de parallélisme.
Cylindres gauches.
Conoïdes.
Surfaces réglées à plan Directeur.
Surfaces réglées autres que celles des deux feuilles précédentes.

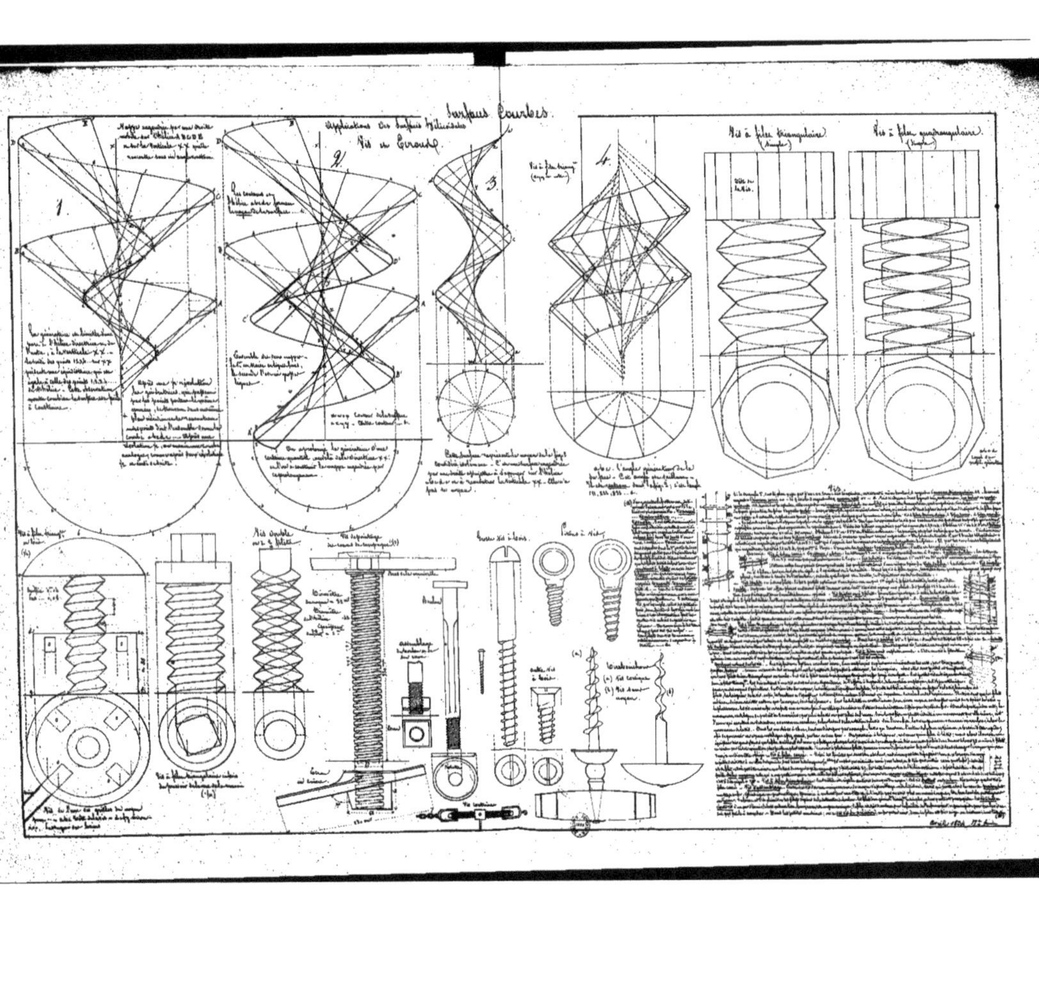

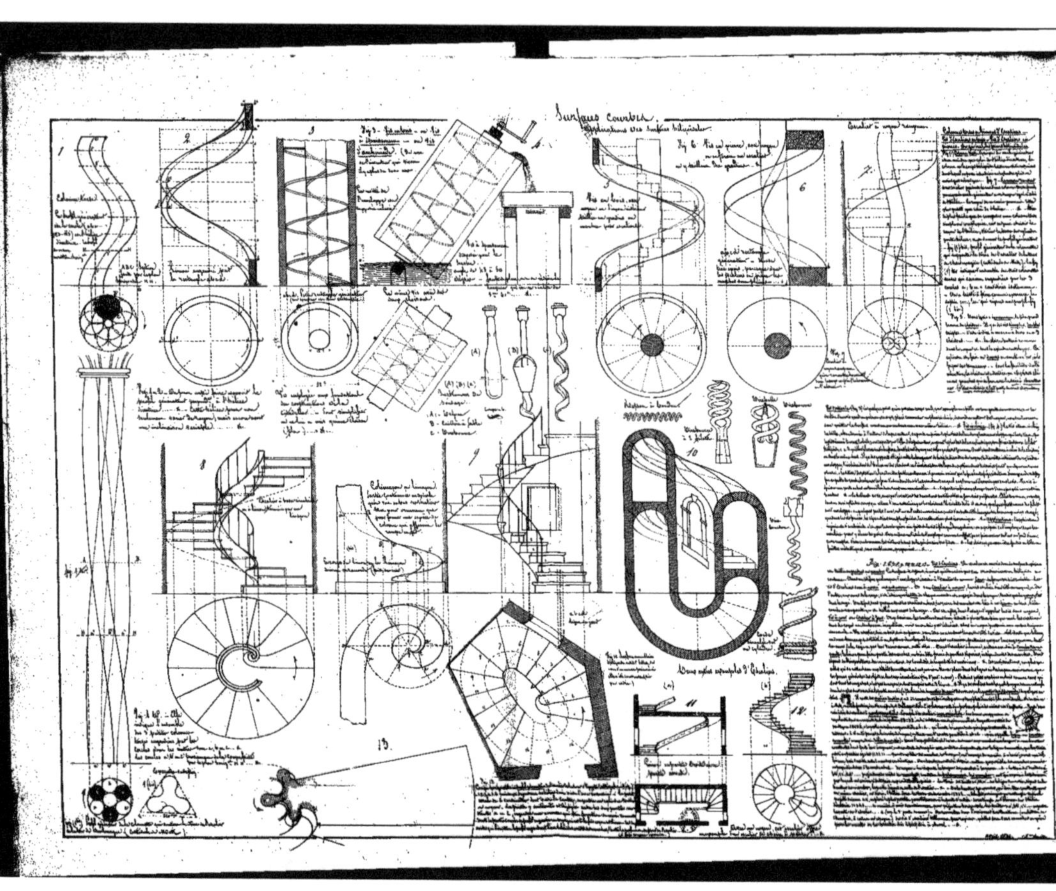

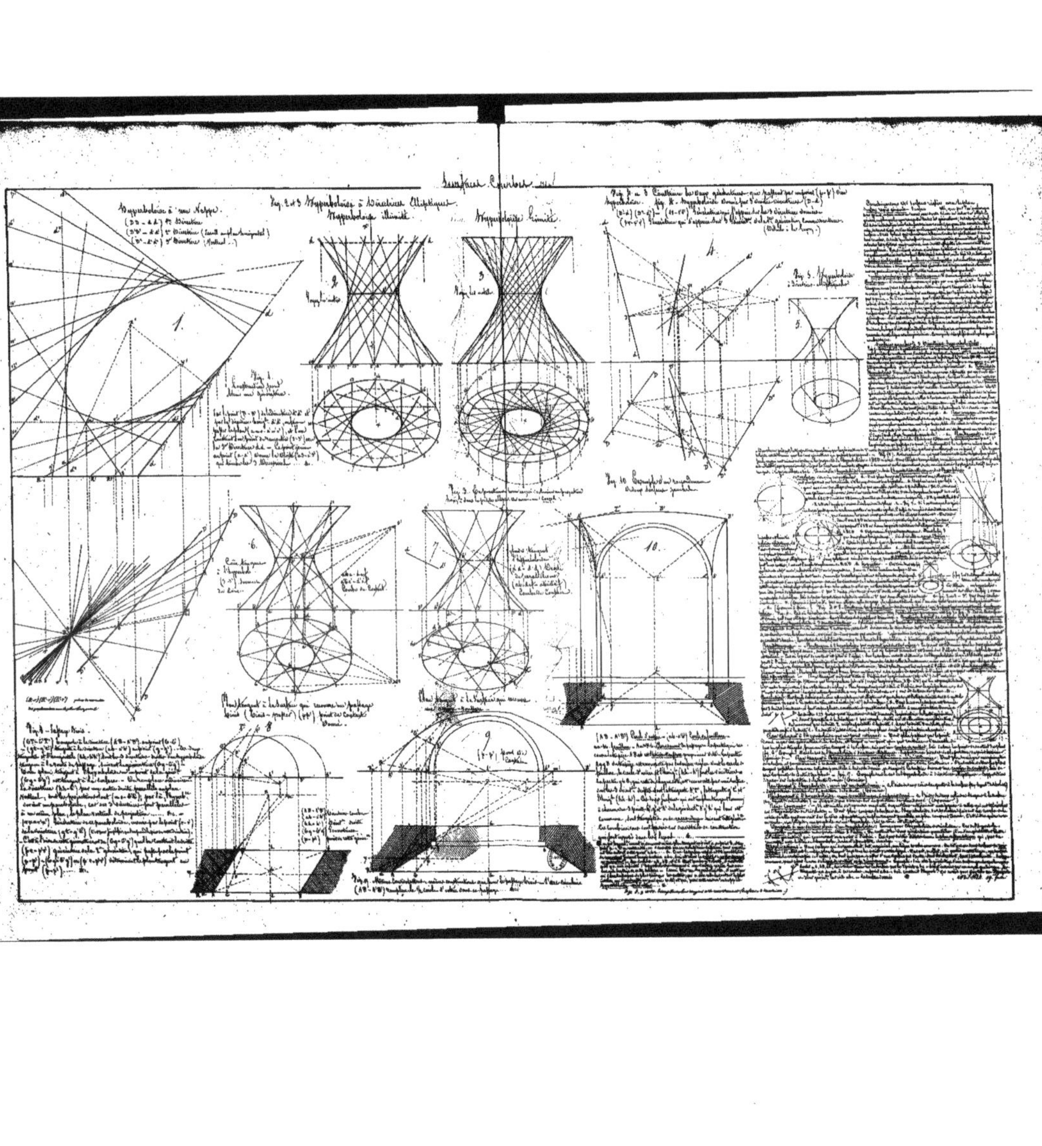

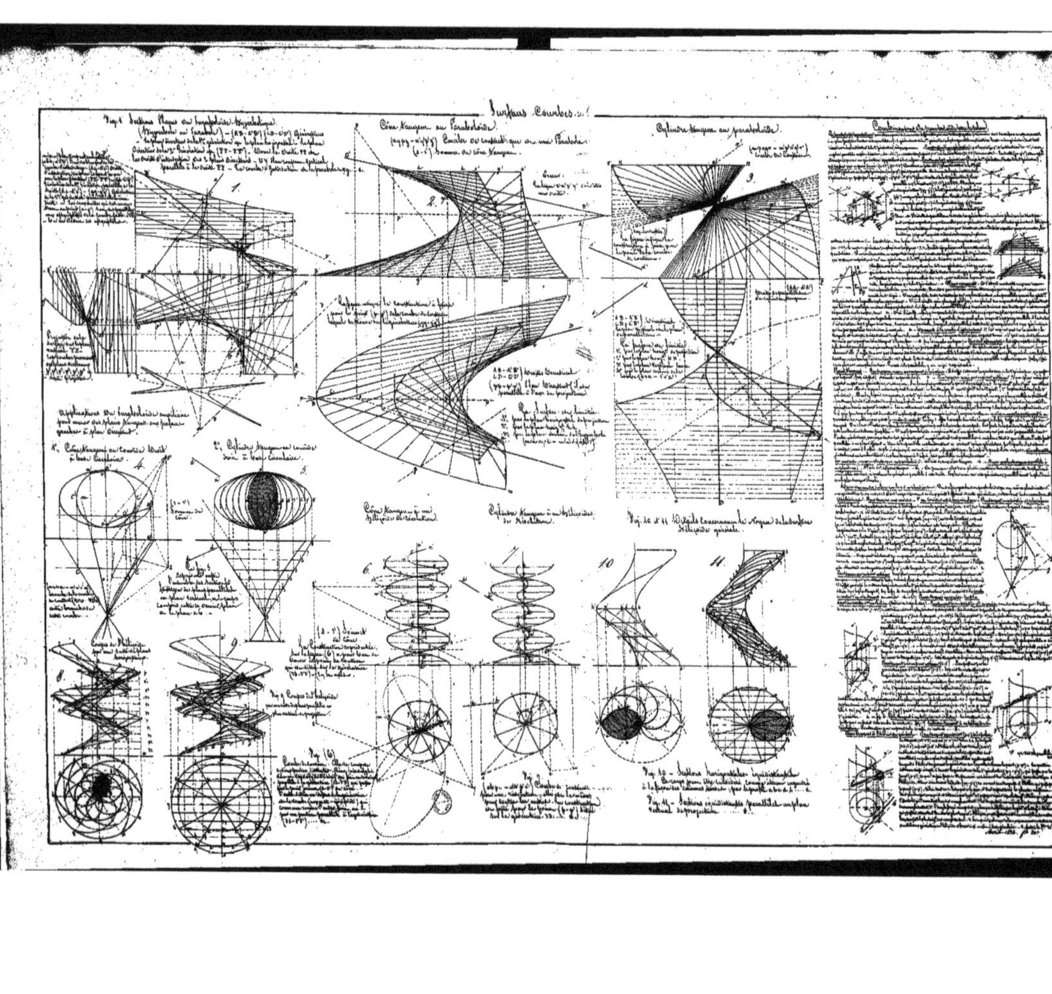

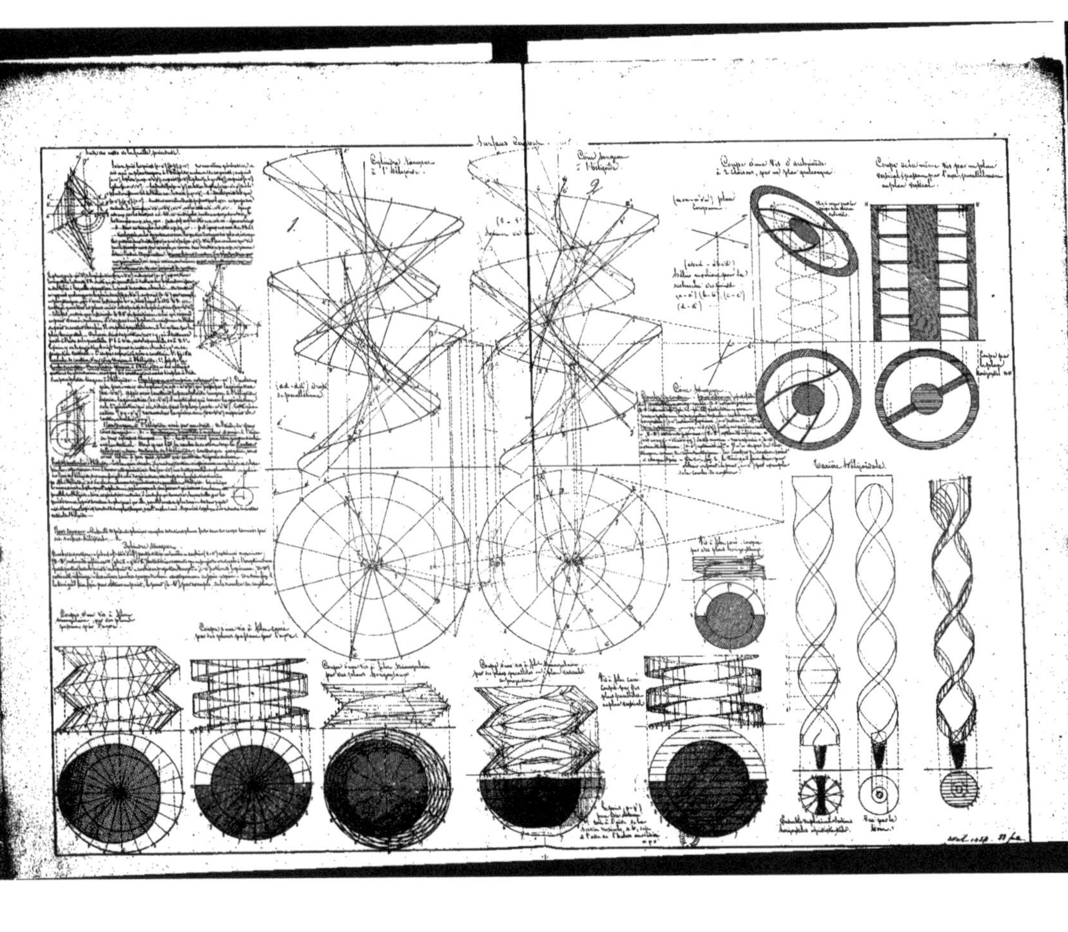

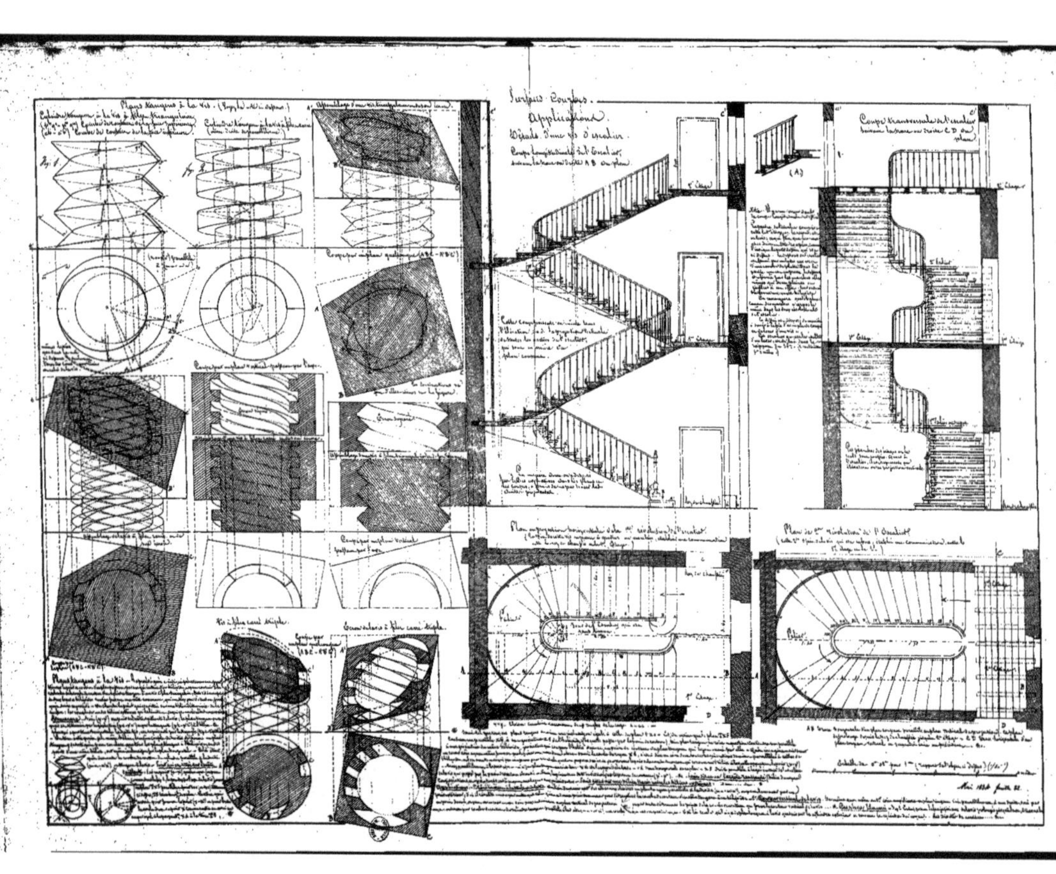

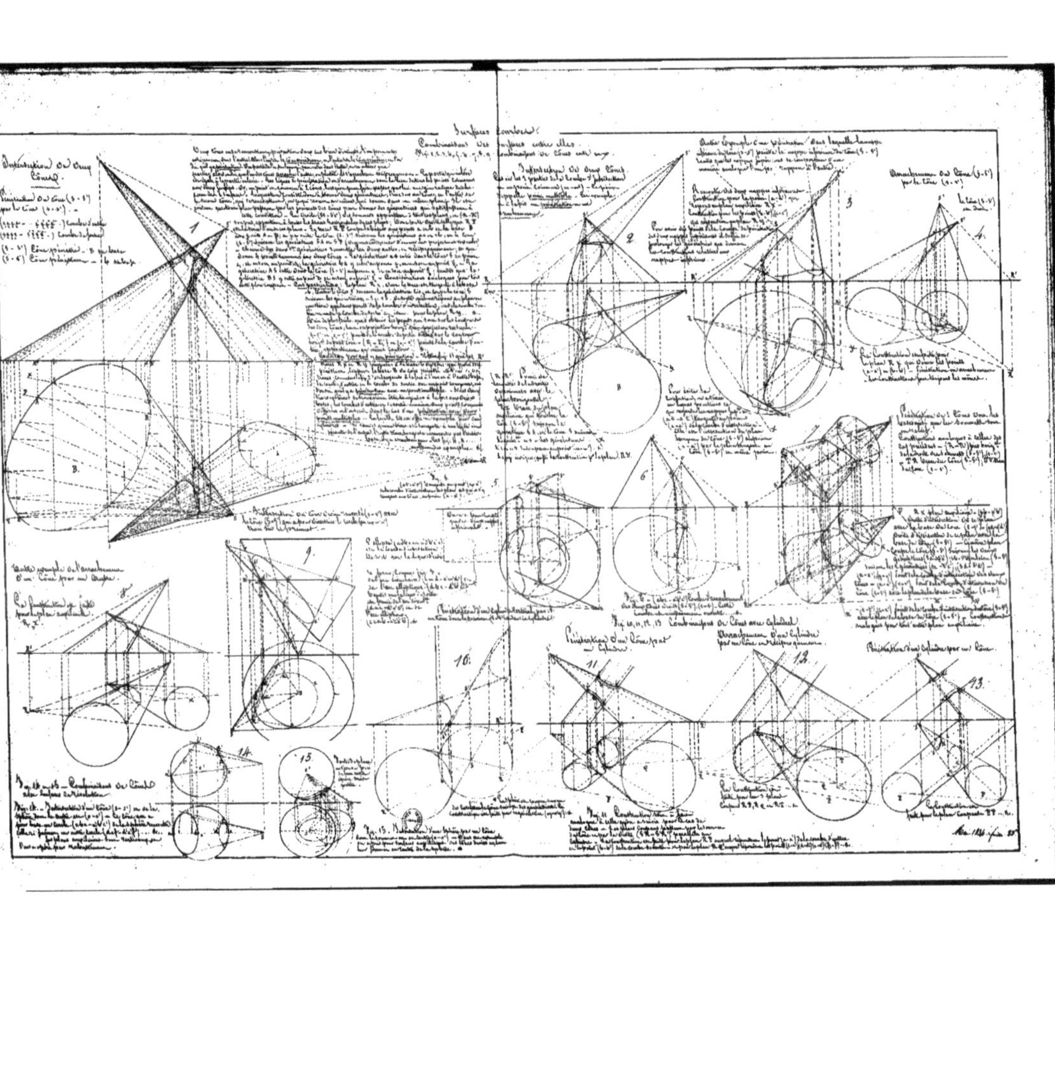

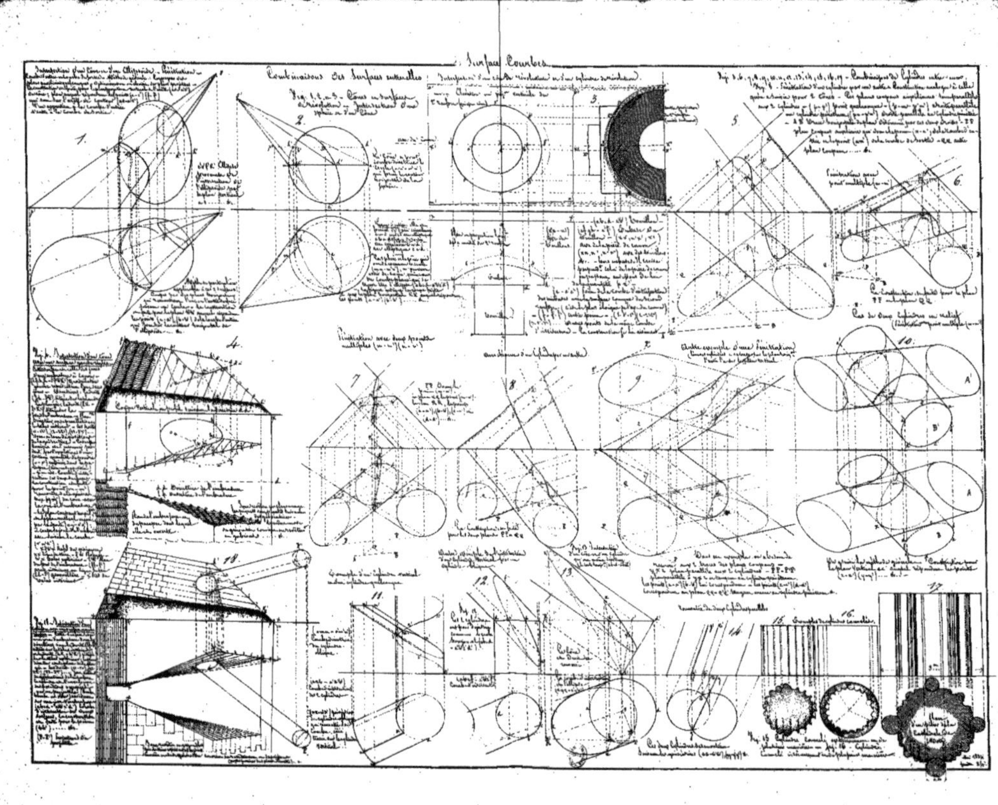

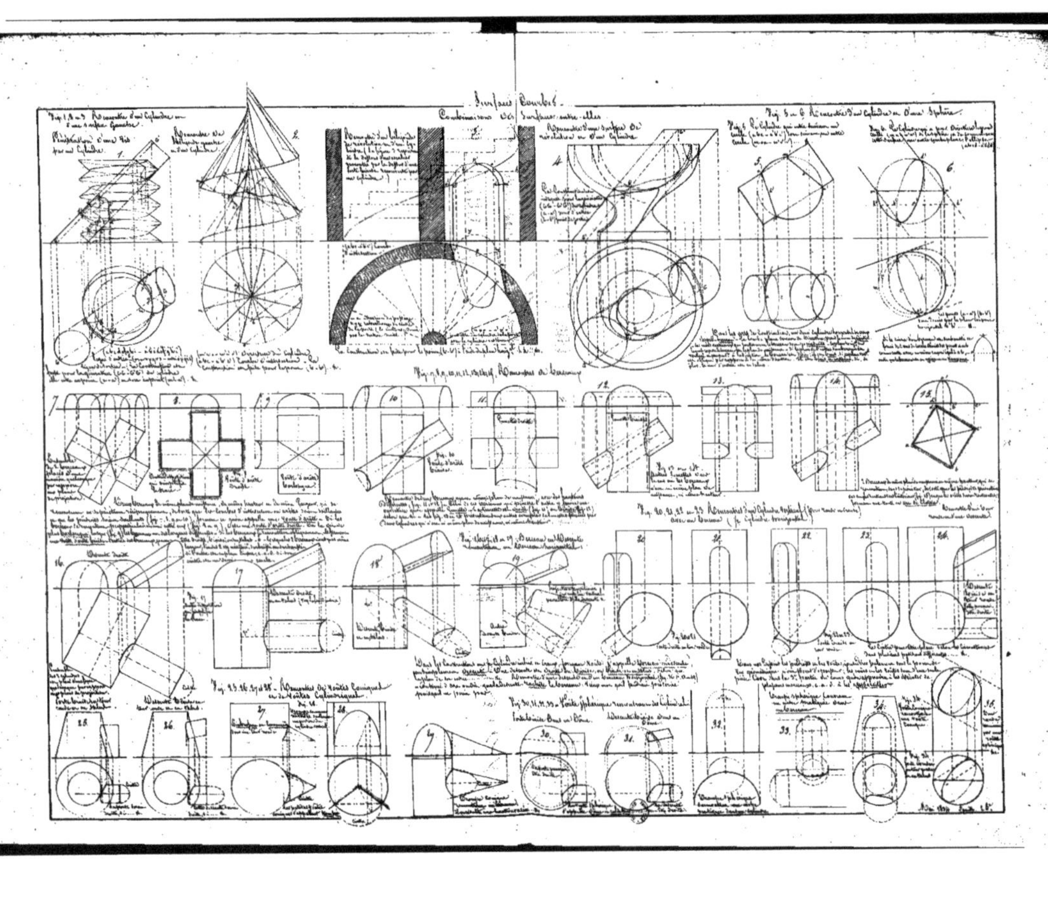

Surfaces Courbes.
Combinaisons des Surfaces entre-elles.

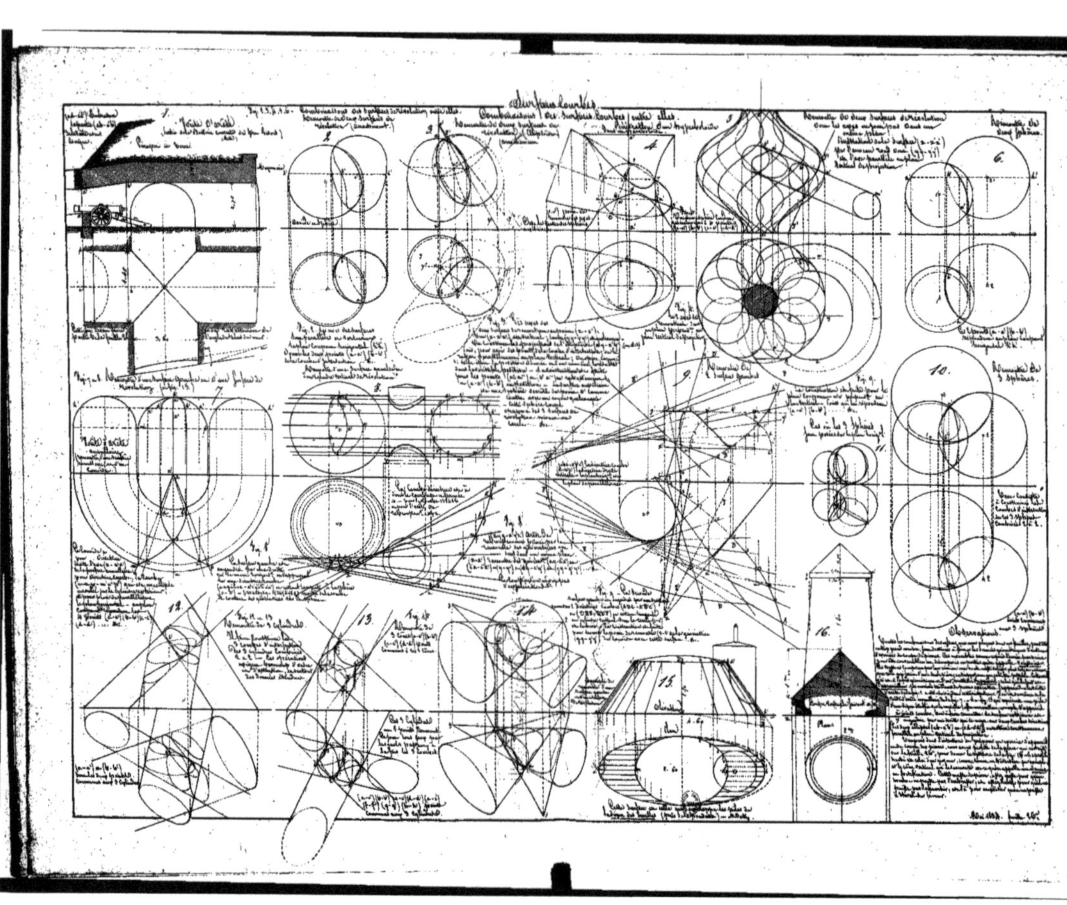

Surfaces courbes
Combinaisons des surfaces courbes entre elles

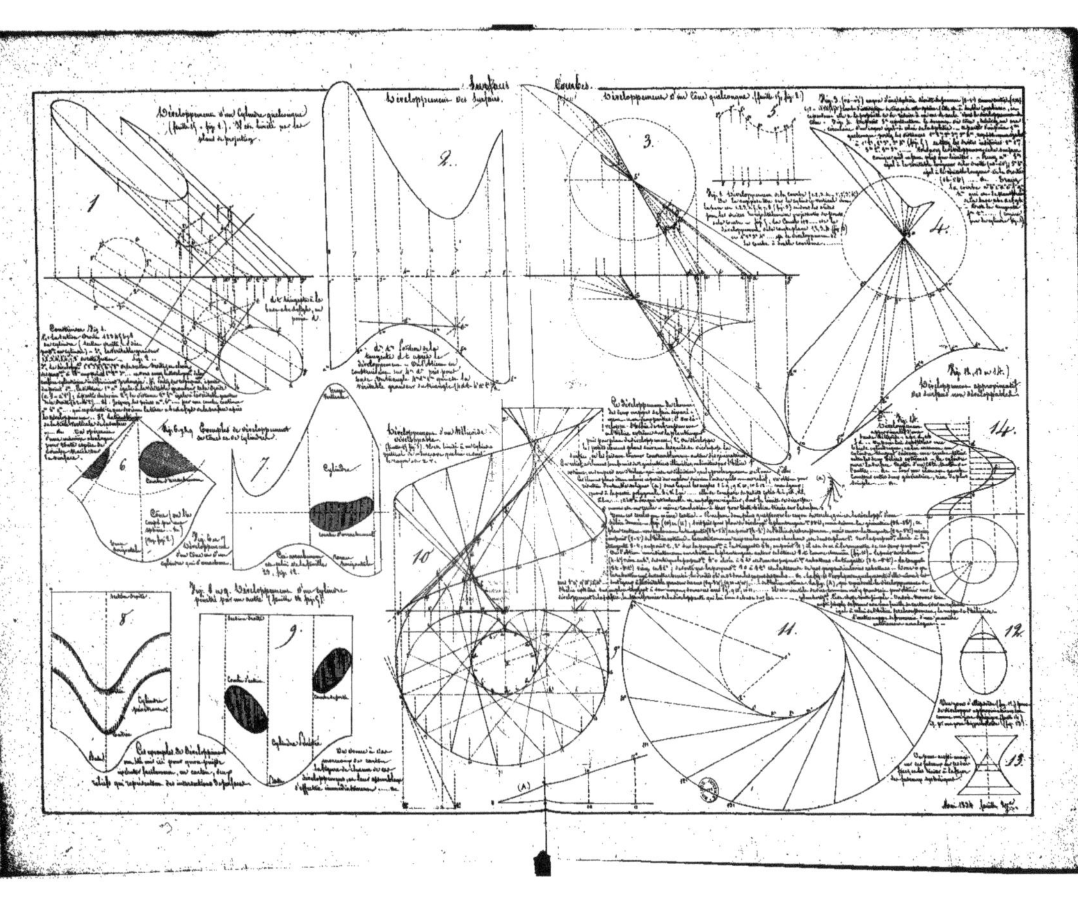

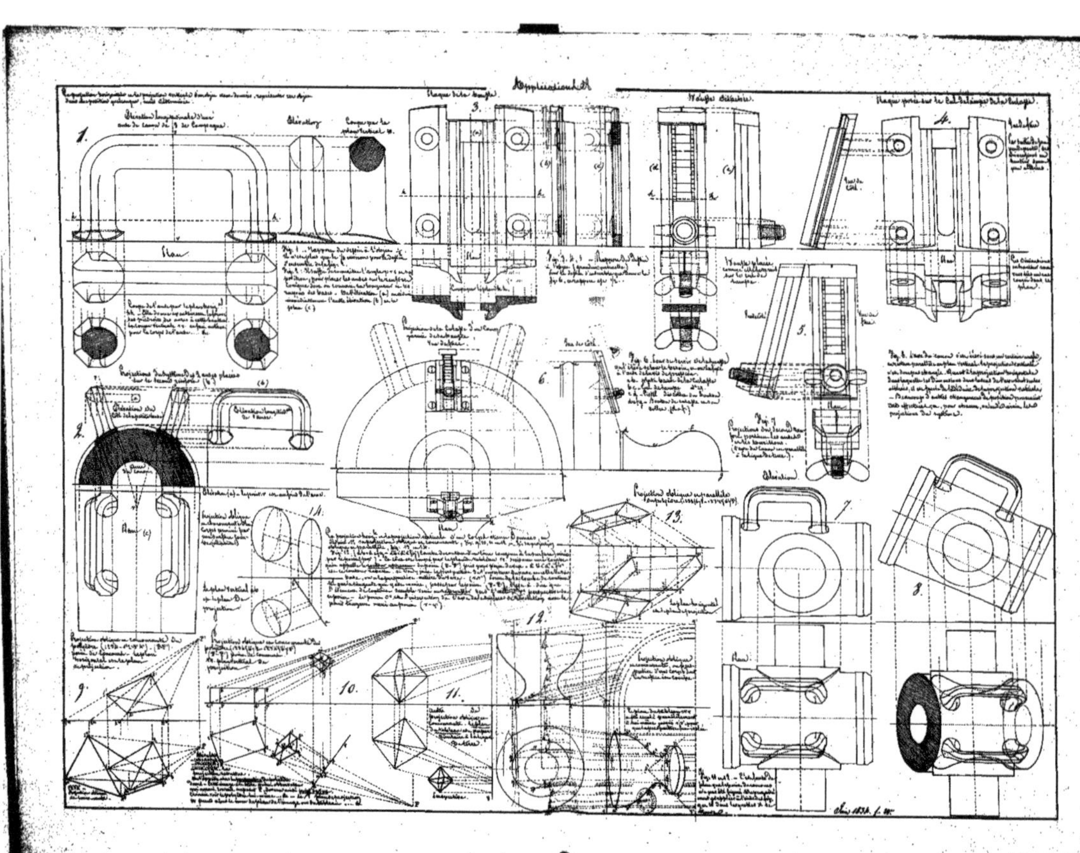

Table des Matières

Table des Matières.

www.ingramcontent.com/pod-product-compliance
Ingram Content Group UK Ltd.
Pitfield, Milton Keynes, MK11 3LW, UK
UKHW021022120726
13693UKWH00005B/2147